essentials

Essentials liefern aktuelles Wissen in konzentrierter Form. Die Essenz dessen, worauf es als „State-of-the-Art" in der gegenwärtigen Fachdiskussion oder in der Praxis ankommt. Essentials informieren schnell, unkompliziert und verständlich

- als Einführung in ein aktuelles Thema aus Ihrem Fachgebiet
- als Einstieg in ein für Sie noch unbekanntes Themenfeld
- als Einblick, um zum Thema mitreden zu können.

Die Bücher in elektronischer und gedruckter Form bringen das Expertenwissen von Springer-Fachautoren kompakt zur Darstellung. Sie sind besonders für die Nutzung als eBook auf Tablet-PCs, eBook-Readern und Smartphones geeignet.

Essentials: Wissensbausteine aus Wirtschaft und Gesellschaft, Medizin, Psychologie und Gesundheitsberufen, Technik und Naturwissenschaften. Von renommierten Autoren der Verlagsmarken Springer Gabler, Springer VS, Springer Medizin, Springer Spektrum, Springer Vieweg und Springer Psychologie.

Ekbert Hering

Unternehmensplanung für Ingenieure

Prof. Dr. mult. Dr. h.c. Ekbert Hering
Hochschule für angewandte
Wissenschaften Aalen
Deutschland

ISSN 2197-6708   ISSN 2197-6716
essentials
ISBN 978-3-658-08435-6   ISBN 978-3-658-08436-3 (eBook)
DOI 10.1007/978-3-658-08436-3

Die Deutsche Nationalbibliothek verzeichnet diese Publikation in der Deutschen Nationalbibliografie; detaillierte bibliografische Daten sind im Internet über http://dnb.d-nb.de abrufbar.

Springer Vieweg
© Springer Fachmedien Wiesbaden 2015

Gedruckt auf säurefreiem und chlorfrei gebleichtem Papier

Springer Fachmedien Wiesbaden ist Teil der Fachverlagsgruppe Springer Science+Business Media
(www.springer.com)

Was Sie in diesem Essential finden können

- Methoden der operativen Planung
- Methoden der strategischen Planung
- Bilden von strategischen Geschäftseinheiten
- Formulieren von Unternehmensgrundsätzen
- Gesamtplanung und Planung in Teilbereichen der Unternehmen
- Zeitliche Abfolge der einzelnen Planungen.

Vorwort

Dieses Werk basiert auf dem „Handbuch Betriebswirtschaft für Ingenieure" von Ekbert Hering und Walter Draeger, 3. Auflage 2000. Dieses Werk hat sich einen hervorragenden Platz als Lehrbuch für Studierende, insbesondere der Ingenieurwissenschaften, und als Standard-Nachschlagewerk für Ingenieure in der Praxis geschaffen. Die Vorteile sind die *große Praxisnähe* (das Werk wurde von Praktikern für Praktiker geschrieben), die Präsentation der *ganzen Breite des Managementwissens,* die vielen Beispiele, welche die sofortige Umsetzung in den betrieblichen Alltag ermöglichen sowie die umfangreichen Grafiken und Tabellen, welche die Zusammenhänge veranschaulichen. Das Kapitel über Planung wurde aktualisiert und dahingehend erweitert, dass ausführliche Rechenbeispiele eingefügt wurden, mit denen die Zusammenhänge noch deutlicher werden. Zusätzliche Grafiken und Tabellen zeigen anschaulich und verständlich die Methoden und Anwendungen der Planungsprozesse.

Inhaltsverzeichnis

Einleitung

Planung ist die *gedankliche Vorwegnahme* des betrieblichen Geschehens. Sie dient dazu, Produkte und Dienstleistungen so zu entwickeln und herzustellen, dass zum einen die Kundenbedürfnisse zufrieden gestellt werden und zum anderen das Unternehmen erfolgreich wirtschaftet.

Das Planungssystem besteht aus folgenden Teilen:

1. *Subjekte der Planung*
   Das sind alle an der Planung beteiligten Stellen bzw. Personen (Wer plant?). Dies ist vor allem von der Betriebsgröße abhängig. Während große Unternehmen eigene Planungsabteilungen besitzen, wird die Planung in kleinen und mittleren Unternehmen von einem *Planungsteam* wahrgenommen. Dazu gehören meist neben der technischen und kaufmännischen Geschäftsführung auch die Verantwortlichen für die Abteilungen Vertrieb, Entwicklung und Fertigung.
2. *Objekte der Planung*
   Hier wird festgelegt, welche *Planungsziele* verfolgt werden (Was wird geplant?).
3. *Planungsprozess*
   Dies sind die einzenen planerischen Tätigkeiten (Wie wird geplant?). Der Planungsprozeß ist wegen der Marktdynamik ein immer wieder aktualisierter und dauernd korrigierbarer *Arbeitsprozess*.
4. *Planungsinstrumente*
   Dies sind Methoden und Verfahren zur Planung und umfassen ebenso die Hilfsmittel und Planungsmaterialien (Mit welchen Methoden und Hilfsmitteln wird geplant?).

© Springer Fachmedien Wiesbaden 2015
E. Hering, *Unternehmensplanung für Ingenieure*, essentials,
DOI 10.1007/978-3-658-08436-3_1

5. *Zeithorizont der Planung*

Es werden die Planungszeiträume bestimmt (Wie lange gilt die Planung?):
- langfristig (über 5 Jahre),
- mittelfristig (über 1 Jahr und bis zu fünf Jahren) und
- kurzfristig (bis zu einem Jahr).

6. *Planungsebenen*

Je nach Verdichtung und Konkretisierung der Planungsinhalte können folgende
Arten der Planung unterschieden werden:
- Entwurfsplan

    Zuerst wird ein grober Entwurf bzw. ein Konzept erstellt, der die Planungs-
    inhalte festlegt.
- Rahmenplan

    Er enthält die Voraussetzungen und die Bedingungen (Prämissen), unter
    denen eine Planung stattfinden kann.
- Strategische Planung

    Planung der wesentlichen und prinzipiellen Ziele und Konzeptionen.
- Taktische Planung

    Es werden die einzelnen Vorgehensschritte in Abwägung ihrer Vor- und
    Nachteile in der Ausführung und in der langfristigen Wirkung geplant.
- Operative Planung

    Es werden die konkreten Maßnahmen geplant.

In den Unternehmen werden vor allem *strategische* und *operative* Planungen
durchgeführt. Deshalb werden diese in den folgenden Abschnitten ausführlich behandelt.

Planungssysteme weisen die in Tab. 1.1 aufgeführten Eigenschaften auf.

Wesentlich für die *Qualität der Planung*, d. h. ihre Richtigkeit, ist, dass jeder
an der Planung Beteiligte seine Aufgaben in bester Qualität erledigt und seine Erfahrungen optimal einbringt. Dazu führt man ein internes *Lieferanten-Kunden-Ver-
hältnis* ein. Das bedeutet, jede Arbeit wird so gut erledigt, dass sie ohne Nacharbeit
an die nächste Station (Kunde) geschickt werden kann. Dabei wird den Kundenan-
forderungen höchste Beachtung geschenkt.

1.1 Phasen der Planung

Die Unternehmensplanung hat die Aufgabe, das Unternehmen *langfristig* zu sichern. Die Informationen aus dem Markt (z. B. durch eine Analyse des Umfeldes)
werden aus diesem Grund systematisch ausgewertet. Dabei werden die unternehmerischen Risiken erkennbar, so dass *Marktchancen wahrgenommen* und *Gefahren*

Tab. 1.1 Eigenschaften von Planungssystemen (eigene Darstellung)

1	Grad der Übereinstimmung mit den Führungsprnzipien
2	Grad des Planungsumfangs (Schwerpunktplanung)
3	Grad der Planabstimmung: (Koordination, Bewertung nach Dringlichkeit und Wichtigkeit Reihenfolge nach Planungslogik)
4	Grad der Anpassungsfähigkeit (schnelle oder aufwändige Neu- bzw. Umplanung)
5	Grad der Vereinheitlichung (Festlegen von Planungs-Standards bei der Planungs-systematik und den Planungselementen)
6	Grad der Genauigkeit
7	Grad der Organisation (fester oder freier Ablauf)
8	Grad der Dokumentation (Schriftform, Ablagesystematik)
9	Sonstige Eigenschaften (z. B. grafische oder tabellarische Darstellungen)

vermieden werden können. Insbesondere werden aus den Marktbedürfnissen und den Kundenwünschen Ziele formuliert, mit denen systematisch bedarfsgerechte Produkte und Dienstleistungen auf den Markt gebracht bzw. entwickelt werden (s. Springer Essential: „Marketingkonzeptionen für Ingenieure").

Wie Abb. 1.1 zeigt, verläuft die Planung in folgenden Phasen:

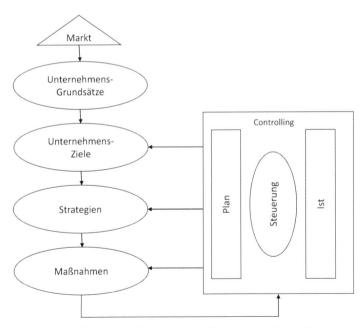

Abb. 1.1 Schema zur Planung und Steuerung von Unternehmen (eigene Darstellung)

1. *Festlegen der Unternehmensgrundsätze*
   (*Wer bin ich, was kann ich und was will ich?*)
   Hierbei wird niedergeschrieben, mit welchen Produkten und Dienstleistungen
   das Unternehmen auf den Märkten tätig sein und von welchen inneren Werten
   und Unternehmensgrundsätzen sich das Unternehmen leiten lassen will.
2. *Festlegen der Unternehmensziele*
   (*Was möchte ich erreichen?*)
   Das sind im wesentlichen folgende Ziele:
   - Marktanteilsziele,
   - Umsatzziele,
   - Wachstumsziele,
   - Ertragsziele,
   - Personalziele und
   - Finanzierungsziele.
3. *Festlegen der Vorgehens- und Verhaltensweisen zur Zielerreichung (Strategien)*
   (*Wie kann ich meine Ziele erreichen?*)
   Es werden die Strategien festgelegt, mit denen die Ziele erreicht werden sollen.
   Die Phasen 2 (Zielfestlegung) und Phase 3 (Strategieentwicklung) werden als
   Strategische Planung bezeichnet.
4. *Planung von Maßnahmen*
   (*Wie sehen die konkreten Schritte zur Zielerreichung aus?*)
   Die einzelnen Maßnahmen und Schritte, die für das Erreichen der Ziele not-
   wendig sind, werden in der *operativen Planung* festgelegt.
5. *Kontrolle der Zielerreichung und Steuerungsinstrumente*
   (*Habe ich alles erreicht? Was muß ich tun, um die Ziele zu erreichen?*)
   In bestimmten Abständen muß kontrolliert werden, ob die Ziele erreicht wurden. Bei Abweichungen muss untersucht werden, ob
   - die Ziele korrigiert,
   - die Strategien geändert oder
   - andere Wege beschritten werden müssen.

Das *Controlling*, verstanden als Steuerung zur Erreichung der Unternehmenes-
ziele, übernimmt die Aufgabe, mit geeigneten Maßnahmen zur Gegensteuerung
Ziele oder veränderte Ziele zu erreichen (s. Springer Essential: „Controlling für
Ingenieure").

1.2 Planungsgrundsätze

Die Planungsgrundsätze eines Unternehmens beruhen auf folgenden zwei Grundlagen:

- *Erscheinungsbild* eines Unternehmens (*Corporate Identity, CI*) und
- *Unternehmens-Philosophie*.

Erscheinungsbild des Unternehmens (Corporate Identity)

Ein Unternehmen wird wie eine Persönlichkeit angesehen, die eine *eigene Identität* besitzt. Diese *eigenständige* und *unverwechselbare* Erscheinung eines Unternehmens wird auch *Corporate Identity* (CI) genannt. Sie hat folgende Ausprägungen:

- *Unternehmenskultur; Corporate Culture (CCult)*
  Daunter versteht man die Werte, die in einem Unternehmen gelebt werden und die Normen und Spielregeln, die im Unternehmen gelten. Es ist die gemeinsame geistige und künstlerische Lebensäußerung des Unternehmens. Eine starke Unternehmenskultur ist von Wettbewerbern nicht leicht nachzuahmen, sondern macht das Unternehmen unverwechselbar und damit chancenreicher.
- *Gemeinsame Kommunikation; Corporate Communication (CCom)*
  In einem Unternehmen muss eine einheitliche Sprache gesprochen werden. Nur dann ist man sicher, dass sich alle Mitarbeiter verstehen und sich verstanden fühlen. Zudem müssen Möglichkeiten für die Mitarbeiter geschaffen werden, möglichst viel Informationen gegenseitig auszutauschen. Durch gemeinsame Schulungen und gemeinsame Veranstaltungen (z. B. regelmäßige Betriebsversammlungen oder Firmenausflüge) wird die Kommunikation gepflegt.
- *Gemeinsame Gestaltung; Corporate Design (CD)*
  Das gesamte äußere Erscheinungsbild eines Unternehmens muss das Unternehmen darstellen und einheitlich sein. Dazu gehören folgende Bereiche:
  - Name und Logo,
  - Außengestaltung und Innengestaltung,
  - Hausfarben,
  - Firmen-Fahrzeuge,
  - Verpackungen,
  - Briefpapier,
  - Visitenkarten,
  - Prospekte,
  - Preisschilder.

Wenn in allen diesen Gebieten die Darstellung einheitlich ist, geht vom Unternehmen eine positive und nachhaltig wahrgenommene Signalwirkung aus.

Unternehmensphilosophie
Die Philosophie eines Unternehmens ist eine *Vision*, d. h. eine konkrete, bildhafte Vorstellung, die den Unternehmenszweck und das Unternehmensziel

* der Öffentlichkeit und
* allen Mitarbeitern

zeigen soll. Tabelle 1.2 zeigt ein Beispiel für Unternehmensgrundsätze für ein Unternehmen.
Dabei werden folgende zwei Ziele verfolgt:

1. Der Öffentlichkeit wird ein klares, einheitliches Bild des Unternehmens vermittelt.
2. Die Mitarbeiter wissen, in welchem Unternehmen sie arbeiten. Dadurch wird das Wir-Gefühl gestärkt.

Die Inhalte der Unternehmensphilosophie werden in den *Unternehmengrundsätzen* formuliert. Sie müssen den *Hauptzweck* und das *Ziel* des Unternehmens festlegen. Diese Unternehmensgrundsätze müssen allgemeine Gültigkeit (mindestens 10 Jahre) besitzen und sich auch bei Veränderung des Umfeldes eines Unternehmens nicht ändern. Sie enthalten nach Abb. 1.2 Aussagen zu folgenden Bereichen:

* Produkte,
* Kunden,
* Wettbewerber,
* Mitarbeiter und
* Organisation.

Bevor die Unternehmensgrundsätze veröffentlicht werden, müssen sie unbedingt mit allen beteiligten Mitarbeitern des Unternehmens diskutiert angenommen worden sein. Denn nur, wenn die Mitarbeiter diese Grundsätze akzeptieren, kann das Unternehmen nach außen seine Kultur gemeinsam verkörpern.

Tab. 1.2 Beispiel für Unternehmensgrundsätze (eigene Darstellung)

1. Unternehmensgrundsätze

1.1 Wir ermöglichen unseren Kunden Wettbewerbsvorteile durch schnellere Anpassung an sich ändernde Märkte

1.2 Es ist unser Ziel, bestehende Kundenbeziehungen als loyaler Geschäftspartner zu pflegen und als kompetenter Anbieter neue Kunden zu gewinnen

2. Produkte

2.1 Wir verbessern unsere Produkte ständig durch intensive Forschung und Entwicklung und duch das Know-how unserer Kunden sowie die Erkenntnisse im Praxiseinsatz

3. Kunden

3.1 Wir glauben, dass die Ausrichtung auf die Kundenbedürfnisse der Schlüssel des geschäftlichen Erfolges ist

3.2 Für uns ist die konstruktive Kommunikation mit unseren Kunden nach dem Verkauf wichtig

4. Wettbewerber

4.1 Wir bekennen uns zum Wettbewerb als ein Teil der freien Marktwirtschaft

4.2 Wir betrachten den Wettbewerb als eine Herausforderung, unsere Produkte noch kundenfreundlicher, produktivitätsfördernder und effizienter zu entwickeln

4.3 Wir achten die Mitarbeiter des Wettbewerbers wie die unsrigen

5. Mitarbeiter

5.1 Jede Arbeit im Unternehmen ist beachtenswert und jeder Mitarbeiter verdient Respekt

5.2 Wir achten die Individualität der einzelnen Mitarbeiter und ihre Würde im geschäftlichen wie im privaten Umgang

5.3 Unser Ziel ist es, das Selbstbewußtsein, das Verantwortungsgefühl und die Motivation der Mitarbeiter zu stärken, damit sie selbständig und in hoher Qualität ihre Arbeit erledigen

5.4 Wir möchten die Mitarbeiter auf allen Ebenen ermuntern, partnerschaftlich zusammenzuarbeiten und in der Arbeit eine Erfüllung zu sehen, um die Firmenziele zu erreichen

6. Organisation

6.1 Wir wollen ein partnerschaftliches Umfeld für unsere Mitarbeiter bieten. Dazu bieten wir
klare Zielvorgaben und Erwartungen an unsere Mitarbeiter
regelmäßige Unterrichtung über die Zielerreichung
Möglichkeiten der Aus- und Weiterbildung, um bestehende Aufgaben effizienter lösen oder neue Aufgaben übernehmen zu können
Ermutigung, kalkulierbare Risiken einzugehen und aus etwaigen Fehlern zu lernen
offenes Ohr für die Anliegen unserer Mitarbeiter

6.2 Wir glauben schließlich, dass diese Werte und Möglichkeiten wesentlich sind, um die persönliche Entwicklung der Mitarbeiter zu fördern und damit den langfristigen Erfolg des Unternehmens sicher zu stellen

Abb. 1.2 Bereiche der
Unternehmensphilosophie
(eigene Darstellung)

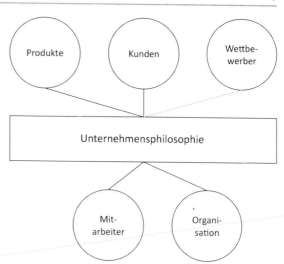

Strategische Planung 2

In Abb. 2.1 ist dargestellt, dass die kurzfristige (bis zu einem Jahr) Liquiditäts-planung auf der mittelfristigen (bis zu fünf Jahre) Erfolgsplanung aufbaut. Diese wiederum setzt voraus, dass in der *langfristigen strategischen Planung* (über fünf Jahre) die *Erfolgsmöglichkeiten* bzw. die *Erfolgspotenziale* des Unternehmens ge-funden und festgelegt wurden. Das Bild zeigt deutlich, dass die Voraussetzungen für den augenblicklichen Erfolg des Unternehmens in der strategischen Planung liegen.

Der Prozess der strategischen Planung weist nach Abb. 2.2 folgende Stationen auf:

1. *Festlegen der strategischen Ziele*
   Die strategischen Ziele können erst dann festgelegt werden, wenn
   - Die *Umwelt* des Unternehmens analysiert wurde,
   - Die *Wettbewerbssituation* bekannt ist und
   - Die Erfolgsmöglichkeiten des Unternehmens erkennbar sind.

   Diese Werkzeuge werden anschaulich im Springer Essential: „Wettbewerbsana-lyse für Ingenieure" dargestellt.
   Um die zukünftigen Entwicklungen abschätzen zu können, werden *Prognosen* angefertigt. Die Instrumente: *Gap-Analyse* und *Szenario-Technik* unterstützen vor allem die Wirkungen der durch die Prognose erkannten Trends.

© Springer Fachmedien Wiesbaden 2015
E. Hering, *Unternehmensplanung für Ingenieure, essentials,*
DOI 10.1007/978-3-658-08436-3_2

2. *Festlegen der strategischen Geschäftseinheiten (SGE)*

Es müssen strategische Geschäftsfelder (SGE) oder Geschäftsfelder bzw. Sparten des Unternehmens festgelegt werden. Für diese werden unterschiedliche Strategien festgelegt und Alternativen aufgezeigt. Je nach Strategie bzw. Alternative werden die Mittel (Finanz-, Sach- und Personalmittel) zugeteilt. Wichtige Werkzeuge in diesem Bereich sind die *Stärken-/Schwächen-Analyse*, die *Portfolio-Analyse* und die *Lebenszykluskurve* (s. Springer Essential: „Marketingkonzeptionen für Ingenieure").

3. *Umsetzung als Teilpläne*

Die festgelegten Strategien müssen in Teilpläne umgesetzt werden. Diese beschäftigen sich mit *Unternehmenskonzepten* (Kooperationen, Kauf bzw. Beteiligungen an Unternehmen und Fusionen) und betreffen die jeweiligen unternehmerischen Funktionen (Marketing, Forschung und Entwicklung, Personal, Produktion und Finanzen).

4. *Controlling*

Die in den einzelnen Stationen der strategischen Planung gesetzten Ziele müssen auf ihre Erreichbarkeit hin überprüft werden (s. Springer Essential: „Controlling für Ingenieure"). Mit geeigneten Steuerungsmaßnahmen ist sicherzustellen, dass Ziele, Strategien und Maßnahmen so korrigiert werden, dass die Voraussetzungen für eine erfolgreiche Erfolgs- und Liquiditätssteuerung nach Abb. 2.1 möglich wird.

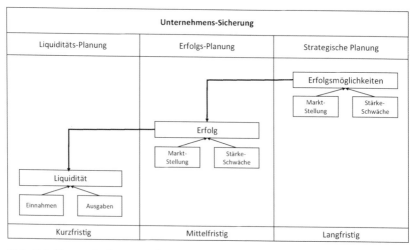

Abb. 2.1 Planungshorizonte zur kurz-, mittel- und langfristigen Unternehmenssicherung (eigene Darstellung)

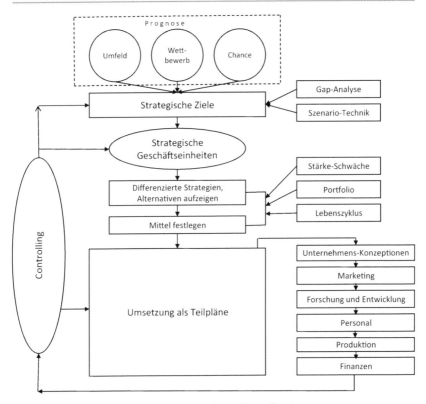

Abb. 2.2 Ablauf der strategischen Planung (eigene Darstellung)

2.1 Prognose

Prognosen sind *Vorhersagen* für einen *bestimmten Zeitraum*. Diese Vorhersagen treffen mit einer bestimmten *Wahrscheinlichkeit* ein. Sie betreffen im Wesentlichen folgende Bereiche:

- Veränderungen von *Wertvorstellungen,*
- Veränderung der Bevölkerungszahl und -struktur (*demografischer Wandel*),
- Veränderung der *Konjunktur,*
- Veränderung der *Kaufkraft,*
- Veränderung der *Konsumgewohnheiten* und
- Veränderung der *Investitionsgewohnheiten.*

Sehr viele Prognosen, vor allem für die Konjunktur und im Absatzbereich, gehen von *Zeitreihen* (Werte in bestimmten Zeitabständen) aus. Werden diese Zeitreihen bestimmten *Prognose-Modellen* unterworfen, dann ergeben sich Vorhersagen für die Zukunft.
In Abb. 2.3 sind die *Verfahren der Prognoserechnung* zusammengestellt.
Wie Abb. 2.3 auf der linken Seite zeigt, gibt es folgende Verläufe der Nachfrage:

* H-Verlauf
  Die Nachfragekurve verläuft horizontal, d. h. die nachgefragte Menge bleibt konstant.
* T-Verlauf
  Beim *Trend-Verlauf* ist eine stetig ansteigende Nachfragemenge zu verzeichnen.
* S-Verlauf
  Dieser Nachfrageverlauf ist *saisonalen Schwankungen* unterworfen.
* T/S-Verlauf
  Die saisonal bedingten Schwankungen sind zusätzlich einem Trend unterworfen.
* Sporadischer Verlauf
  Aus dem Nachfrageverlauf ist keinerlei Gesetzmäßigkeit zu erkennen.

Wie Abb. 2.3 auf der rechten Seite zeigt, gibt es Methoden zur Vorhersage (*Prognosemethoden*). Für den H- und T-Verlauf der Nachfrage sind die drei Methoden: *Lineare Regression, gleitender Mittelwert* und *exponentielle Glättung* in der Praxis bewährt. Für die anderen Verläufe der Nachfrage gibt es Spezialmethoden, beispielsweise die *polynome Regression* (Darstellung beliebiger Kurvenverläufe auf Polynombasis) und die *Methode der exponentiellen Glättung höherer Ordnung* (beruhend auf Exponentialfunktionen). Im folgenden werden die ersten drei Methoden an Beispielen für eine Stückzahlplanung für einen Absatzplan erläutert.

* Lineare Regression
  Bei der linearen Regression wird diejenige *Gerade* berechnet, bei der die Abweichungen von einer Geraden (bzw. der *Fehler*) *minimal* ist. Als Beispiel: Es besteht ein Grundbedarf von 156 Stück. Für jedes Quartal verringert sich die Nachfrag um 4 Einheit. Dann ergibt sich für das 9. Quartal eine Nachfrage von lediglich 120 Stück.
* Gleitender Mittelwert
  Beim gleitenden Mittelwert wird berücksichtigt, dass die neuesten Werte auch die besseren sind. Im übrigen laufen dieselben Berechnungen ab wie bei der

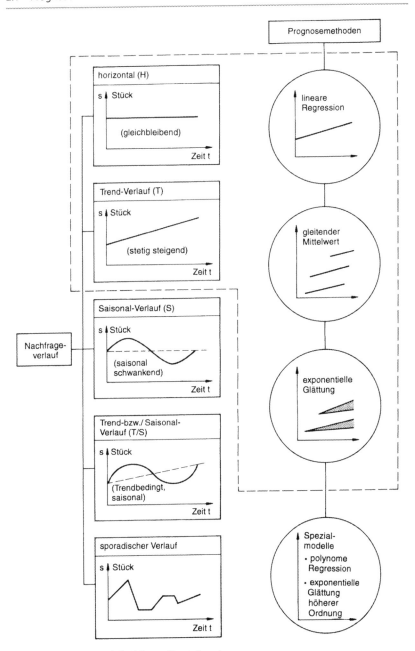

Abb. 2.3 Prognosemodelle (eigene Darstellung)

linearen Regression. Im vorliegenden Fall werden nur die Absatzwerte für die letzten 4 Quartale berücksichtigt. Dann erhält man folgendes Ergebnis:

$$s5 = 70 \text{ Stück}$$

Im Vergleich zu den 120 Stück ist das sehr wenig. Dies rührt daher, dass der deutlich rückläufige Trend im zweiten Jahr zu dieser Prognose führte.

- Exponentielle Glättung

Mit diesem Modell werden die Vergangenheitswerte und ihre Abweichungen zur Prognose herangezogen. Die zugehörige Gleichung lautet:

$$V_n = V_a + \alpha(\Delta V).$$

Es ist:

V_n = Vorhersagewert neu
V_a = Vorhersagewert alt
α = Glättungsfaktor (zwischen 0 und 1)
  ($\alpha = 0$: Anfangsvorhersage wird übernommen;
  α klein: Träge Reaktion auf Vorhersageschwankungen;
  α groß: Schnelle Reaktion auf Vorhersageschwankungen;
  $\alpha = 1$: Keine Berücksichtigung der Vergangenheitsdaten)
ΔV = Verbrauchsabweichung (tatsächlicher Verbrauch – Vorhersagewert alt)
Als Beispiel wird die Vorhersage für die Periode 4 berechnet. Dann gilt für die obige Formel für $\alpha = 0,2$:

$$V_4 = V_3 + \alpha * \Delta V = 132 + 0,2 * (97 - 135) = 132 + 0,2 * (-35) = 125.$$

Das heißt, die Abweichungen werden mit dem Gewicht des Glättungsfaktors α in die Prognose mit einbezogen. Es wird deutlich, dass mit *größerem* α die Abweichung einen *stärkeren Einfluss* auf die Vorhersagewerte haben. Für die neunte Periode wird für $\alpha = 0,2$ eine Nachfrage von 130 Stück, für $\alpha = 0,4$ von 124 Stück und für $\alpha = 0,6$ eine Nachfrage von 117 Stück vorhergesagt.

- Spezial-Modelle
  Für besondere Kurvenverläufe werden spezielle mathematische Verfahren eingesetzt. Beispielsweise kann jede Kurvenform durch die Näherung mit einem

Polynom beschrieben werden (*polynome Regression*). Um nichtlineare Verläufe anzunähern, wird die *exponentielle Regression höherer Ordnung* eingesetzt. Prognosen sind Aussagen für die Zukunft. Da die Zukunft nicht sicher ist, werden die Prognosewerte in der Regeln nicht genau stimmen. Je nach Prognosemodell ergeben sich auch unterschiedliche Ergebnisse. Viel wichtiger als der genaue Wert ist der Trend und die Größenordnung der Werte. Um einigermaßen zuverlässige Prognosen zu erhalten, muss folgendes sichergestellt sein:

- *Sichere Datenbasis*. Das bedeutet, dass auf die Qualität der gesammelten Informationen sehr großen Wert gelegt werden muss.
- *Richtiges Prognosemodell*. Es kommt darauf an, das richtige Modell zu wählen, weil sonst die Prognosen falsch werden müssen. In den vorhandenen Modellen kann nur das berücksichtigt werden, was bereits in der Vergangenheit vorkam und wofür Daten vorhanden sind. Wenn sich noch nie vorgekommene Änderungen einstellen, müssen die Vorhersagen falsch sein, weil es dafür noch kein Modell gibt. Da in zunehmendem Maße die Veränderungen unvorhersagbar sind, muss man mit Prognosen sehr kritisch umgehen.

2.2 Festlegen der strategischen Ziele

Zu Beginn des strategischen Planungsprozesses und zur Festlegung der strategischen Ziele muss, wie Abb. 2.2 zeigt,

- eine Analyse der Umwelt erfolgen,
- die Wettbewerbssituation bekannt sein und
- die Stellung des Unternehmens in diesem Umfeld analysiert werden.

Die Umwelt- und die Wettbewerbsanalyse werden ausführlich im Springer Essential: „Wettbewerbsanalyse für Ingenieure" dargestellt. Bedeutende Aufschlüsse kann man durch eine *Branchenanalyse* gewinnen, wie sie im *Branchenwürfel* nach Abb. 2.4 dargestellt ist.

Die einzelnen Produkte und Dienstleistungen werden dabei in folgende drei Dimensionen eingeteilt:

- Konzentrationsgrad
  Die Branchen sind entweder *konzentriert* (wenige große, marktbeherrschende Unternehmen) oder *zersplittert* (sehr viele mittlere oder kleine Unternehmen);
- Wettbewerbsmärkte

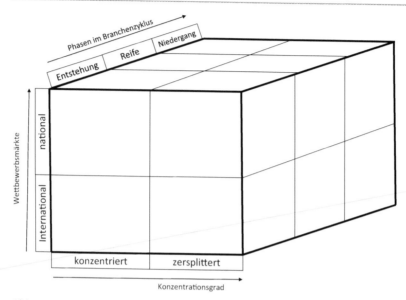

Abb. 2.4 Charakterisierung der Zustände in den Branchen durch den Branchenwürfel
(eigene Darstellung)

Die Unternehmen sind entweder *international* (globale Märkte) oder *national*
tätig;
• Branchenzyklus
Auch eine Branche kann dem *Lebenszyklus* unterliegen. Es gibt *entstehende*
Branchen (z. B. Kommunikations-Netzwerke), *reife* Branchen (z. B. die CAD-
Branche) und Branchen *im Niedergang* (z. B. verkettete Fertigungstechnolo-
gien).

Je nach Stellung im *Branchenwürfel* sind entsprechende strategische Zielsetzun-
gen sinnvoll.

Um strategische Ziele festzulegen, können auch die *Gap-Analyse* und die *Szenario-Technik* eingesetzt werden.

Abbildung 2.5 zeigt die Gap-Analyse (*Analyse der strategischen Lücke*). Es
ist zu erkennen, dass bei gleichbleibendem Produktionsprogramm der Umsatz des
Unternehmens nach zwei Jahren abnehmen wird. Mit zusätzlicher Verkaufsförde-
rung und Rationalisierungsmaßnahmen kann die *Leistungslücke* behoben werden,
d. h. der Umsatzrückgang setzt später ein (ab dem dritten Jahr) und ist nicht so

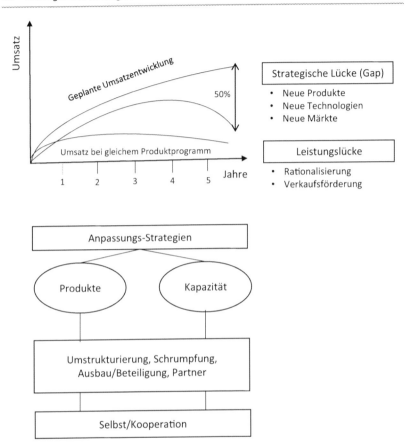

Abb. 2.5 Gap-Analyse (eigene Darstellung)

gravierend. Dennoch bleibt zum geplanten Umsatzverlauf eine *strategische Lücke* (gap). Sie kann nur geschlossen werden, wenn

- *neue Produkte* entwickelt (Produkt-Innovationen),
- *neue Technologien* entwickelt (Prozess-Innovationen) und
- *nue Märkte* erobert werden.

Diese Innovationen sind für die ertragreiche Entwicklung des Unternehmens unerlässlich. Sie brauchen eine gewisse Zeit, beanspruchen Personal und Geld. Des-

halb sind sie für die Unternehmen von strategischer Bedeutung und müssen als
langfristige Ziele beizeiten festgelegt und verfolgt werden.

Falls trotz dieser Maßnahmen Umsatzeinbußen zu erwarten sind oder Unternehmen aus eigener Kraft die Umsatzentwicklungen nicht verwirklichen können,
müssen entsprechende *Anpassungs-Strategien* entwickelt werden. Sie betreffen
folgende Bereiche:

- Produkte/Dienstleistungen
  Hierbei handelt es sich um *Schrumpfungs-Strategien* und *Umstrukturierungen.*
  Sie enthalten Stückzahlverminderungen, Verringerung der Variantenzahl und
  Programmbereinigungen bis zur Verlagerung, Veräußerung oder Stillegung
  einzelner Geschäftsbereiche. Häufig werden bei Maßnahmen der Umstruktu-
  rierung einzelne Bereiche rechtlich verselbständigt und als eigenständige Unternehmen betrieben. Dies erhöht oftmals die Lebenschancen solcher Unternehmen, weil diese schneller und flexibler auf die Markterfordernisse reagieren
  können.
- Kapazitätsanpassung
  Bei der Anpassung der Kapazitäten an die veränderten Umsätze sind Ausbau-,
  Beteiligungs- oder Partnermodelle denkbar. Immer mehr werden *Kooperationen* mit anderen Partnern oder sogar *strategische Allianzen* eingegangen, um
  gemeinsam schnelle Innovationen zu erreichen, kostengünstige Forschung und
  Materialbeschaffung zu ermöglichen sowie Vertriebswege effizient und kos-
  tensparend zu nutzen. Die Märkte in den Entwicklungs- und Schwellenländer
  werden ohne lokale Kooperationen mit den dort heimischen Firmen gar nicht zu
  erobern sein.

Mit der *Szenario-Technik* werden die möglichen, zukünftigen Situationen ermittelt und der Verlauf der Entwicklung aufgezeigt, der zu diesen Situationen füh-
ren kann. Um die *Bandbreite* der Entwicklungen aufzeigen zu können, wird vom
schlechtesten Fall (*worst case*) und vom besten Fall (*best case*) ausgegangen. Bekannt sind die Szenarien zur Energieversorgung, zur Entwicklung des Verkehrs
und über Schlüsseltechnologien. Mit der Szenario-Technik wird das Denken in
Bandbreiten, in Alternativen und in Wenn-Dann-Konstellationen geübt. Dies ist
besonders für zukünftige Entwicklungen wichtig, für die es keine genauen Daten geben kann. Ferner ist das Denken in Alternativen sehr wichtig, um eine Fle-
xibilität in der Planung zu erreichen und sich nicht unverrückbar auf bestimmte
Planungen festzulegen. Szenarien sind ein wichtiges Mittel, nicht nur strategische
Planungen zu erarbeiten, sondern die Ziele strategischer Pläne auch zu *überprüfen.*

2.3   Festlegen der strategischen Geschäftseinheiten (SGE)

Strategische Geschäftseinheiten (SGE), Sparten oder Geschäftsfelder eines Unternehmens sind *Produkt-/Markt-Kombinationen*, die *marktorientiert* und nach folgenden Kriterien gebildet werden:

- Erfüllung eines gemeinsamen Kundenwunsches;
- klares Wettbewerbsumfeld;
- abgrenzbar zu anderen Produkt-/Markt-Kombinationen des Unternehmens;
- einheitliche Strategien (z. B. Preise, Qualität, technische Eigenschaften und Substitutionsmöglichkeiten) zur Erlangung relativer Wettbewerbsvorteile.

Mit den SGEs wird es, wie der Name sagt, möglich, mit völlig unterschiedlichen Strategien je nach Kundenwunsch und Wettbewerb erfolgreich zu agieren.

Um die SGEs eines Unternehmens zu bilden, wird folgende Vorgehensweise vorgeschlagen:

- Analyse der Marktseite:
  Zuordnen der Produkte und Dienstleistungen zu bestimmten Absatzkanälen und Märkten;
- Analyse der Produktseite:
  Einteilen der Produkte nach technischen Funktionen bzw. Technologien;
- Analyse der Wechselwirkungen:
  Die verschiedenen Produkt-/Markt-Kombinationen hängen häufig unternehmensintern miteinander zusammen: Das Know-How in den Forschungs- und Entwicklungsabteilungen und Fertigungsvorbereitung sowie die Maschinen- und Anlagenkapazitäten werden gemeinsam beansprucht. Häufig vertreiben dieselben Vertriebsmitarbeiter unterschiedliche Produkt-/Markt-Kombinationen.

Tabelle 2.1 zeigt eine Checkliste zur Bildung von Strategischen Geschäftseinheiten. Die Merkmale, die unbedingt vorhanden sein müssen, um eine strategische Geschäftseinheit bilden zu können sind in Tab. 2.1 mit einem kreuz versehen.

Um die Strategischen Geschäftseinheiten beurteilen zu können und für sie geeignete Strategien zu entwickeln und die Mittel in Form von Personal-, Sach- und Finanzmittel bereitzustellen, gibt es im wesentlichen folgende drei wichtige Werkzeuge, die in Abb. 2.2 in einer Übersicht zusammengestellt sind:

- Stärke-/Schwäche-Analyse
  Es werden Beurteilungskriterien gebildet und diese relativ zur Konkurrenz bewertet.

Tab. 2.1 Checkliste zum Bestimmen Strategischer Geschäftseinheiten (eigene Darstellung)

Kriterien	vorhanden	
	ja	nein
Produktmerkmale		
Befriedigung gleicher Kundenbedürfnisse	x	
einheitliche Lebensdauer		
gleiche Prinzipien bei der Produkt- und Marktgestaltung		
identische Preis- und Qualitätssegmente		
vergleichbare Substitutions-Gefahr		
Marktmerkmale		
gleiche Bedarfslage	x	
identische Zielgruppen		
übereinstimmende Absatzregionen		
gleiche Absatzmittlergruppen		
identische Wettbewerbslage	x	
gleiche Umwelteinflüsse		
gleicher Maktzugang		
Unternehmensmerkmale		
gemeinsame Erfahrungen mit den Produkten		
gemeinsame Markterfahrungen		
vergleichbare Anstrengungen bei Forschung und Entwicklung sowie Fertigung		
vergleichbare strategische Ziele	x	
vergleichbare Finanzkraft		
vergleichbares Pesonal in Qualität und Quantität	x	

- Lebenszyklus-Kurve
  Jedes Produkt unterliegt einem Prozess des Werdens und Vergehens, d. h. es weist einen Lebenszyklus auf. Es gibt typischerweise folgende vier Phasen:
  1. Entstehung (geringer Umsatz und negative Renditen),
  2. Wachstum (Umsatzwachstum und steigende, bis höchste Renditen),
  3. Reife (stagnierender bis fallender Umsatz und fallende Renditen),
  4. Sättigung (stark fallende Umsätze und kleine bzw. negative Renditen).

Im Interesse der Überlebensfähigkeit des Unternehmens ist darauf zu achten, dass genügend Produkte in den einzelnen Phasen vorhanden sind. Bei den hohen Innovationsgeschwindigkeiten sollten über die Hälfte aller Produkte nicht älter als zwei Jahre sein.

Tab. 2.2 Zusammenstellung möglicher Strategien (eigene Darstellung)

Strategien	Ausprägungen
Programm oder Sortiment	konzentrieren, diversifizieren, standardisieren
Investitionen	desinvestieren, nicht investieren, investieren
Marktanteile	schrumpfen, halten, erhöhen
Marketing und Vertrieb	keine Aktionen, normale Aktionen, aggressive Aktionen
Preis	niedrig, marktgerecht, hoch
Kosten	senken, halten, erhöhen
Ertrag	negativ, null, positiv
Innovation	keine, normal, hohe
Risiko	keines, begrenzen, bewußt kalkuliert eingehen
Kooperationen	allein, Niederlassung, Kooperationen

- Portfolio
  Portfolios ermöglichen, im Gegensatz zu den Stärke-/Schwächen-Analysen und der Lebenszykluskurve, eine *ganzheitliche* Sicht des Unternehmens (s. Springer Essential: „Marketingkonzeptionen für Ingenieure" und „Wettbewerbsanalyse für Ingenieure"). Alle Produkte und Dienstleistungen eines Unternehmens werden eingeordnet. Auf diese Weise können *strategische Unternehmenskonzeptionen* entwickelt werden. In Tab. 2.2 sind alle denkbaren Strategien zusammengestellt. Daraus lassen sich die geeigneten auswählen. Anschließend werden, je nach Strategie, die erforderlichen Finanz- und Sachmittel bereitgestellt sowie die Personalkapazitäten qualitativ und quantitativ abgestimmt.

2.4 Planungen in den Teilbereichen

Mit den Strategien werden die Voraussetzungen dafür geschaffen, die Ressourcen (Menschen, Maschinen, Material, Mittel) so optimal einzusetzen, dass *relative Wettbewerbsvorteile* entstehen. Aus Sicht der Kunden erfüllt dieses Unternehme seine Kundenwünsche am besten.

Bei der Umsetzung der Strategien in konkrete Aktionen wird folgendermaßen vorgegangen:

- Auswahl der Norm-Strategie
  Nach Tab. 2.2 wird eine Norm-Strategie ausgewählt, die das Ziel global festlegt. Im vorliegenden Beispiel ist das eine Wachstums-Strategie.
- Bilden strategischer Alternativen

Um die Norm-Strategie auszuführen, stehen mehrere strategische Alternativen zur Verfügung. Beispielsweise:

- Produkt- oder Prozess-Innovationen,
- Kooperationen mit anderen Unternehmen,
- Kauf eines Unternehmens oder
- Lizenzfertigungen bzw. Fremdkauf der Produkte.

• Aktionen in den Funktionsbereichen
Ist eine strategische Alternative ausgewählt worden, so werden

- die notwendigen Entscheidungen auf Geschäftsleitungsebene oder in speziellen Teams gefällt,
- die Spielregeln und Richtlinien (einschließlich der Controlling-Bereiche) zur Umsetzung der Entscheidungen festgelegt und anschließend
- die einzelnen Maßnahmen als messbare Ziele beschrieben, die Verantwortlichen benannt, der Endtermin festgelegt und die Kosten budgetiert. Diese Maßnahmen betreffen zum einen die Unternehmens-Konzeption im allgemeinen, aber auch entsprechende Funktionsbereiche wir Forschung und Entwicklung, Produktion, Marketing und Vertrieb, Personal und Finanzen.

2.4.1 Planung der Unternehmenskonzeption

Um Unternehmen in sich schnell ändernden, globalen Märkten mit hartem, weltweiten Wettbewerb sichern zu können, sind verschiedene Strategien denkbar. Im Wesentlichen geht es darum, Marktchancen schnell zu ergreifen und sich ändernden Kundenwünschen Rechnung zu tragen. Um das fehlende Know-how, die fehlenden Ressourcen an Maschinen, Material, Personal und Finanzen zu bekommen und die knappen Zeithorizonte einhalten zu können, gibt es verschiedene Möglichkeiten der Unternehmens-Konzeptionen:

• Beteiligung
Eine Firmenbeteiligung ist sinnvoll, wenn man die Geschäftsführung beeinflussen und Einblick in das Unternehmen gewinnen will.
• Kauf
Um Know-How in das Unternehmen zu bekommen, oder um einen Konkurrenten beim eigenen Unternehmen anzusiedeln, kann ein Firmenkauf sinnvoll sein. Dabei kann der alte Firmenname beibehalten werden oder der des Käufers angenommen werden.
• Fusion
Bei einer Fusion verschmelzen zwei Firmen miteinander. Häufig sind diese in den gleichen Produkt-/Markt-Bereichen tätig gewesen. Die Fusion ist ein Ins-

trument der Marktbereinigung und zielt darauf ab, eine herausragende Markt-
position zu erlangen.

- Kooperation in einzelnen Funktionen
  (z. B. gemeinsamer Vertrieb von Werkzeugmaschinen in Japan oder gemeinsame Forschung auf dem Gebiet der optischen Nachrichtenübertragung);
- Strategische Allianzen
  Deutliche Wettbewerbsvorteile ergeben sich auch, wenn im Wettbewerb stehen-
  de Firmen sich auf einem ausländischen Marktsegment gemeinsam präsentie-
  ren und dieses bearbeiten. Beispielsweise die deutschen Werkzeugmaschinen-
  hersteller auf dem Markt in Südostasien.
- Virtuelles Unternehmen
  Für ein Unternehmen, das hochflexibel, schnell, anpassungsfähig und von
  höchster Kompetenz in allen Feldern einer komplexen Kundenanforderung
  sein muss, ist diese Unternehmensform die beste. Wenn sich Technologien
  sehr schnell ändern, kann kein Unternehmen die Lösungen allein bieten. Für
  eine bestimmte Zeit der Marktchance wird durch ein *Generalunternehmer* ein
  Netzwerk völlig unabhängiger Unternehmen (z. B. Kunden, Zulieferer, Wettbewerber, Partner) vereinbart. In ihm werden die *besten Kernkompetenzen* aller
  beteiligten Unternehmen für die *Projektdauer* koordiniert. Für den Kunden und
  den Markt erscheint das Unternehmen in sehr vielen Bereichen lösungskompe-
  tent. Man vermutet ein viel größeres Unternehmen, als tatsächlich vorhanden.
  In solchen Fällen liegt ein *virtuelles Unternehmen* vor.
  Für jede dieser Unternehmens-Konzeption ist eine spezielle Planung erforder-
  lich, bei der vor allem die Teilpläne für einzelne Funktionen in die Gesamtplanung richtig und ohne großen Aufwand integriert werden können.

2.4.2 Teilpläne für die einzelnen Funktionen

Die Teilpläne für die einzelnen Funktionen werden in den einzelnen Abschnitten
ausführlich behandelt. Deshalb werden sie an dieser Stelle nur zusammenfassend
erwähnt:

- Pläne für Marketing und Vertrieb
  Abbildung 2.6 zeigt für die einzelnen Bereiche des Marketing-Mix die Vorga-
  ben, die in den Plänen zu berücksichtigen sind (s. Springer Essential: „Marketingkonzeptionen für Ingenieure").
  Für die Preisplanung ist der Effekt der *Erfahrungskurve* mit zu berücksichtigen.
  Nach empirischen Untersuchungen können mit steigenden Absatzmengen und
  steigenden Marktanteilen die Stückkosten gesenkt werden. Dies hat sein Ursa-

Abb. 2.6 Marketing-Planung (eigene Darstellung)

chen in der *kontinuierlichen Verbesserung im technischen* und *wirtschaftlichen Bereich,* ferner im Bereich der *Mitarbeiterführung* und der *Verbesserung* der *Informations- und Kommunikationspolitik.*

- Planung der Forschung und Entwicklung
  Forschung dient dazu, die technischen Grundlagen für Innovationen zu legen, während die Entwicklung dafür sorgt, die Produkte daraus zu entwickeln oder bestehende Produkte und Verfahren zu verbessern. Es ist sinnvoll, auf dem zukunftsträchtigen Gebiet von *Schlüsseltechnologien* zu forschen, damit man einen Marktvorsprung vor der Konkurrenz erringen kann (*relative Wettbewerbsvorteile*).
- Pläne für die Beschaffung und Produktion
  Zur Planung und Steuerung von Produktionsprozessen kommen eine Vielzahl von Methoden zum Einsatz.
  Die Verfügbarkeit von Energie und Rohstoffen und die zunehmende Umweltbelastung zwingen die Unternehmen, der Beschaffung und der Produktion eine strategische Bedeutung zuzumessen. Bei der *Beschaffung* und der *Lieferantenauswahl* sind neben den technischen Anforderungen zusätzlich folgende Bereiche zu beachten:
- *Aspekte des Umweltschutzes* (s. Springer Essential: „Umweltschutz und Umweltmanagement für Ingenieure")
  - Einsatz und risikolose Beschaffung der beschränkt verfügbaren Rohstoffe, wie beispielsweise Chrom, Titan, Seltene Erden;
  - *schonender Umgang* mit den natürlichen Rohstoffe wie Luft, Wasser, Boden;
  - Material muss wiederverwendbar sein (*recyclingfähig*);
- Aspekte der Qualität und Zuverlässigkeit
  - Vereinbarung der Qualitätsstandards,
  - Festlegen der Prüfmittel und der Qualitätsprüfungen,

- – Vorlegen von staatlichen Prüfungszertifikaten,
- – Festlegen der Klassifizierung von Lieferanten und ihre Nachprüfung.
- • Aspekte der Dienstleistung für das Unternehmen
  - – Technische Hilfe bei der Lösung von Problemen,
  - – Garantieleistungen,
  - – Direktanlieferungen (Just in Time),
  - – Gewährung von Lieferantenkredit (spätere Zahlung),
  - – Lagerhaltung beim Lieferanten.
- • Aspekte des Preises
  - – Weitergabe von Preissenkungen,
  - – Preisgleitklauseln,
  - – Rabatte und Boni.
- • Personalplanung
  (s. Abschnitt 3.4 und Springer Essential: „Personalmanagement für Ingenieure").
- • Finanzplanung
  (s. Springer Essential: „Finanzierung für Ingenieure").

2.5 Controlling

Im *strategischen Controlling* (s. Springer Essential: „Controlling für Ingenieure") erfolgt die *Steuerung* der vereinbarten Strategien. Wenn Abweichungen auftreten, sind folgende Ursachen verantwortlich:

- • falsche strategische *Ziele*.
- • falsch festgelegte strategische Geschäftseinheiten;
- • falsche oder mangelnde *Umsetzung* der Strategien in den Funktionen.

In allen diesen Fällen müssen neue strategische Orientierungen vorgenommen und der Ablauf der Strategischen Planung nach Abb. 2.2 erneut durchlaufen werden.

Operative Planung 3

Während die strategische Planung nach Abb. 2.1 die Möglichkeiten des Erfolgs plant, ist die operative Planung kurzfristig orientiert und plant die Umsätze, Kosten und Erträge für das laufende Jahr. Deshalb muss die operative Planung als kurzfristige Planung in die strategische Planung eingebettet sein.

3.1 Planungsschema

Abbildung 3.1 zeigt die einzelnen Pläne im Zusammenhang. Es ist zu erkennen, dass üblicherweise vom *Geschäftsplan* ausgegangen wird. Er stellt einen *Umsatzplan* dar, der ergänzt um einen *Kostenplan* zu einem *Ergebnisplan* erweitert wird. Die erwarteten Umsätze können entweder aus *Prognosewerten* (s. Abschnitt 2.1) herrühren oder aber bereits durch vorhandene Aufträge planbar sein.

In Abb. 3.1 werden die einzelnen Pläne nach ihren unternehmerischen *Funktionen* eingeteilt. Weil in allen Plänen Kosten enthalten sind und Personal gebunden wird, ist der *Kosten- und Personalplan* funktionsübergreifend dargestellt. Funktionsbezogen können folgende Einzelpläne aufgestellt werden:

- *Forschungs- und Entwicklungspläne*
  - Projektpläne mit Zielen, Aktionen, Zeiten und Verantwortlichen (s. Springer Essential: „Projektmanagament für Ingenieure").
  - Investitionspläne (z. B. für Messanlagen).

© Springer Fachmedien Wiesbaden 2015
E. Hering, *Unternehmensplanung für Ingenieure*, essentials,
DOI 10.1007/978-3-658-08436-3_3

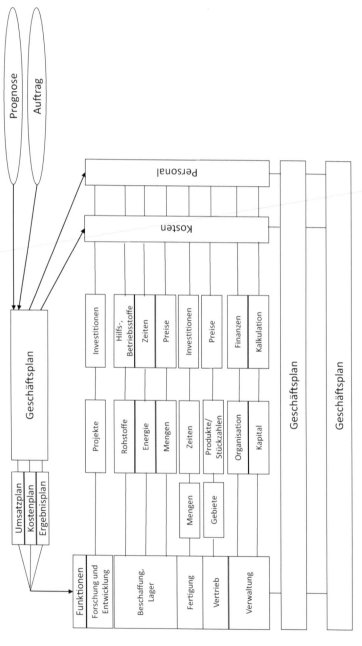

Abb. 3.1 Planungssystematik für die operative Planung (eigene Darstellung)

- *Beschaffungs- und Lagerpläne*
  - Pläne zur Beschaffung von Roh-, Hilfs- und Betriebsstoffen sowie Halbfabrikaten und der Energie in Menge, Preis, Qualität und Zeit.
- *Fertigungspläne*
  - Die Produkte werden in Mengen, Zeiten und in ihrer Reihenfolge auf den Maschinen geplant. Häufig geschieht das mit Programmunterstützung durch ein *PPS*-System (PPS: Produktionsplanungs- und Steuerungssystem).
  - Investitionspläne für Maschinen und Anlagen.
- *Vertriebspläne*
  Unterteilt in Absatzgebiete werden die einzelnen Produkte in ihren zu verkaufenden Stückzahlen und Preisen geplant.
- *Verwaltungspläne*
  - *Organisationspläne* für die Aufbau- und Ablauforganisation.
  - *Finanzpläne* (s. Springer Essential: „Finanzierung für Ingenieure").
  - *Kapitalpläne* für den Kapitalbedarf und seine Deckung, ausgehend von den Kapitalströmen in das Unternehmen hinein und aus dem Unternehmen heraus.
  - *Kalkulationspläne* als schematische Pläne zur Vor- und Nachkalkulation von Produkten und Dienstleistungen (s. Springer Essential: „Kalkulation für Ingenieure").

3.2 Zeitliche Abfolge der Planungen

In Abb. 3.2 werden die einzelnen Planungsschritte in ihrer zeitlichen Abfolge dargestellt. Wenn beispielsweise die Planungen zum Beginn des neuen Geschäftsjahres im Januar abgeschlossen sein sollen, dann müssen die Planungsarbeiten Mitte September (38. Woche) beginnen.

- *Schritt 1: Erarbeiten der Planungsgrundlagen (38. Woche)*
  Zunächst müssen in Schritt 1 die Planungsgrundlagen erarbeitet werden (z. B. Trends der Marktentwicklungen; Prognose der Steigerung von Materialien und Löhnen; Steigerung des Bruttosozialprodukts; Entwicklung der Kaufkraft; besondere Vorlieben der Kunden und Verbraucher).
- *Schritt 2: Umsatzplan (40. Woche)*
  Zusammen mit dem Vertrieb werden die Umsätze des nächsten Jahres pro Monat festgelegt, und zwar aufgeteilt nach den einzelnen Sparten und Regionen bzw. Vertriebsperson.

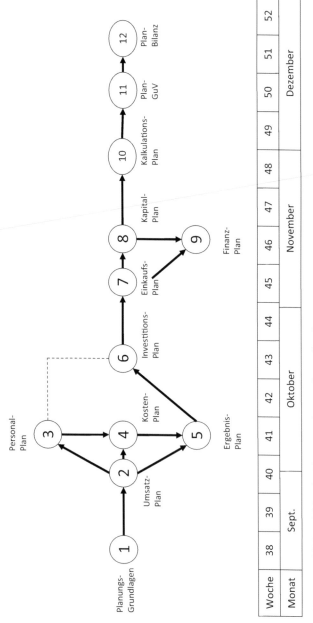

Abb. 3.2 Zeitliche Abfolge der Planungen (*eigene Darstellung*)

- *Schritt 3, 4 und 5: Personal-, Kosten- und Ergebnisplan (41. Woche)*
  Ausgehend von den Umsätzen werden die Pläne für Personal und Kosten entworfen und ein Ergebnisplan aufgestellt.
- *Schritt 6: Investitionsplan (43. Woche)*
  Ausarbeiten der erforderlichen Investitionspläne (Gebäude, Anlagen, Maschinen und Programme).
- *Schritt 7: Einkaufsplan (45. Woche)*
  Für die benötigten Materialien werden die benötigten Mengen geplant und entsprechend der Lieferzeiten vorbestellt.
- *Schritt 8 und 9: Kapital- und Finanzplan (47. Woche)*
  Es werden die Kapitalzu- und -abflüsse geplant und die Finanzierung gesichert.
- *Schritt 10: Kalkulationsplan (49. Woche)*
  Die für den Vertrieb maßgeblichen Kalkulationen werden erarbeitet (neben den Kosten sind besonders zu berücksichtigen: Rabatte, Skonti und Boni sowie Provisionen).
- *Schritt 11 und 12: Plan Gewinn- und Verlustrechnung und Plan-Bilanz (51. Woche)*
  Für das kommende Geschäftsjahr werden die Gewinn- und Verlustrechnung und die Bilanzen geplant, einschließlich der wichtigen Kennzahlen (s. Springer Essential: „Gewinn- und Verlustrechnung (GuV) und Bilanz für Ingenieure").

3.3   Geschäftsplanung

In Abb. 3.1 wurden die einzelnen Pläne besprochen und in Abb. 3.2 wurde der zeitliche Ablauf der Planung vorgestellt. Im folgenden wird am Beispiel eines Profit-Centers des CAD/CAM-Unternehmens Hard- und Soft GmbH die Geschäftsplanung mit den einzelnen Teilplänen vorgestellt. In Abb. 3.3 ist das Schema der vorgestellten *integrierten Geschäftsplanung* zu sehen. Basis aller Planungen ist der *Umsatzplan* in Abhängigkeit des Auftragseingangsplanes, der von der Prognose bestimmt wird. Die Planung erfolgt für einzelne Produktgruppen (Sparten bzw. Strategische Geschäftseinheiten), die einzelne Produkte enthalten. In folgenden Schritten wird geplant:

- *Vertriebsprognose und Umsatzplan*
  Die Mitarbeiter des Vetriebs schätzen auf Grund der Marktsituation den Umsatz in den einzelnen Produktgruppen und Produkten für das nächste Jahr. Daraus ergibt sich der Umsatzplan des Unternehmens für das nächste Jahr.

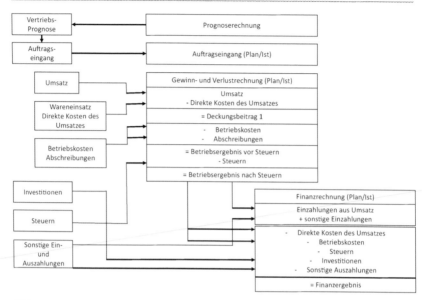

Abb. 3.3 Systematik der Geschäftsplanung (eigene Darstellung)

- *Geschäftsplan*
  Er enthält eine Planung des *Auftragseingangs*, der den Umsatz bestimmt, ferner den *Umsatzplan* und einen *Kostenplan*. Daraus ergibt sich ein *Betriebsergebnisplan*.
- *Finanzplan*
  Hier werden alle ein- und ausgabenwirksamen Kapitalströme zusammengefasst (s. Springer Essential: „Finanzierung für Ingenieure").
- *Plan-GuV und Plan-Bilanz*
  Ausgehend von diesen Daten kann eine Plan-GuV und eine Planbilanz erstellt werden (s. Springer Essential: Gewinn- und Verlustrechnung (GuV) und Bilanz für Ingenieure").

3.4 Umsatzplan

Für die einzelnen Produktgruppen und Produkte werden der Nettoumsatz geplant. In Tab. 3.1 ist aus Gründen der Übersichtlichkeit der Umsatzplan für eine Geschäftsstelle des CAD/CAM-Unternehmens Hard- und Soft GmbH zu sehen, die als Profit-Center im Unternehmen geführt wird und damit genau gleich geplant wird wie das Gesamtunternehmen. Für die Geschäftsstelle wird der Nettoumsatz geplant. Da die Einkaufskonditionen bzw. für die Dienstleistungen die gewährten

Tab. 3.1 Umsatzplan einer Geschäftsstelle des Unternehmens Hard- und Soft GmbH (eigene Darstellung)

Plan Nr. 1				Datum		1.1. Jahr 1	
Vorgabe: Auftragseingang (AE): 2.450.000 €							
Umsatzplan	Umsatz-Listen-preise €	Rabatt %	Netto-Umsatz	Warenein-satz % auf Listenpreis	Rohertrag €	Warenein-satz €	
Hardware							
Rechner	10,31,250	25 %	7,73,438	65 %	1,03,125	6,70,313	
Peripherie	1,00,000	25 %	75,000	65 %	10,000	65,000	
Summe Hardware	11,31,250	25 %	8,48,438	65 %	1,13,125	7,35,313	
Software							
Standardsoftware	9,24,000	12 %	8,13,120	50 %	3,51,120	4,62,000	
eigene Software	36,750	5 %	34,913	80 %	5,513	29,400	
Fremdsoftware	40,250	15 %	34,213	0 %	34,213	–	
Summe Software	10,01,000	10.67 %	8,94,227	43.33 %	4,60,460	4,33,767	
Dienstleistungen							
Konfigurationen	70,000	0 %	70,000	30 %	49,000	21,000	
Installation/Schulung	84,000	5 %	79,800	0 %	79,800	–	
Wartung	52,500	5 %	49,875	50 %	23,625	26,250	
Summe Dienstleistungen	2,06,500	3.33 %	1,99,617	26.67 %	1,44,550	55,067	
Summe Gesamt	23,38,750	13.00 %	19,42,281	45.00 %	7,18,135	12,24,146	

Durchschnittsrabatte bekannt sind, kann aus dem Bruttoumsatz der Nettoumsatz errechnet werden. Bei einem geplanten Nettoumsatz von 2 Mio. € wird durchschnittlich etwa 14,5 % Rabatt gewährt, so dass ein Bruttoumsatz von 2,33 Mio. € erzielt werden muss. Der Wareneinsatz wird über einen Prozentsatz aus dem Listenpreis errechnet. Nettoumsatz abzüglich Wareneinsatz ergibt den Rohertrag (oder den Deckungsbeitrag 1) in Höhe von 723.238 €.

3.5 Geschäftsplan

Tabelle 3.2 zeigt den Geschäftsplan der Geschäftsstelle der Hard- und Soft GmbH. Folgende Teilpläne werden hierbei berücksichtigt:

- *Planung des Auftragseingangs auf Perioden*
  Der Umsatzplan wird in einem zweiten Schritt auf Abrechnungsperioden verteilt (im vorliegenden Fall sind das Monate). Basis dafür ist die Planung des

Tab. 3.2 Geschäftsplan einer Geschäftsstelle der Hard- und Soft GmbH (eigene Darstellung)

Plan Nr. 1				Datum	1.1. Jahr 1
		Summe	Monat 1	Monat 2	Monat 3
Vorgabe: Auftragseingang (AE):	24,50,000	100%	10%	10%	10%
		24,50,000	2,45,000	2,45,000	2,45,000
Umsatzanteile in Folgemonat 1			40%	40%	40%
Umsatz in Folgemonat 1			0	98,000	98,000
Umsatzanteil in Folgemonat 2				40%	40%
Umsatz in Folgemonat 2				–	98,000
Umsatzanteil in Folgemonta 3			0%	0%	20%
Umsatz in Folgemonat 3					–
Summe Umsatz			–	*98,000*	*1,96,000*
Umsatzplan		Umsatz netto			
		100.00%	0.00%	4.88%	9.76%
Hardware					
Rechner		8,25,000	–	40,260	80,520
Peripherie		2,80,000	–	13,664	27,328
Summe Hardware		*11,05,000*	–	*53,924*	*1,07,848*
Software					
Standardsoftware		8,25,000	–	40,260	80,520
Eigene Software		85,000	–	4,148	8,296
Fremdsoftware		35,000	–	1,708	3,416
Summe Software		*9,45,000*	–	*46,116*	*92,232*
Dienstleistungen					
Konfigurationen		1,70,000	–	8,296	16,592
Installation/Schulung		80,000	–	3,904	7,808
Wartung		1,50,000	–	7,320	14,640
Summe Dienstleistungen		*4,00,000*	–	*19,520*	*39,040*
Summe Umsatz gesamt		*24,50,000*	–	*1,19,560*	*2,39,120*
Direkte Kosten des Umsatzes					
Wareneinsatz					
Hardware		7,35,313	–	35,883	71,767
Software		4,94,200	–	24,117	48,234
Dienstleistungen		47,250	–	2,306	4,612
Summe Wareneinsatz		*12,76,763*	–	*62,306*	*1,24,612*
Fremdleistungen		8000	–	390	781
Provisionen		60,000	–	2,928	5,856
Summe direkte Kosten Umsatz		*13,44,763*	–	*65,624*	*1,31,249*
Deckungsbeitrag		11,05,237	–	53,936	1,07,871
Deckungsbeitrag/Umsatz		45.11%	–	45.11%	45.11%

Tab. 3.2 (Fortsetzung)

Plan Nr. 1			Datum	1.1. Jahr 1
	Summe	Monat 1	Monat 2	Monat 3
Betriebskosten				
Personalkosten	5,46,250	45,521	45,521	45,521
Investitionskosten	99,500	38,000	7,816	4,932
Weitere Kosten	56,000	4,667	4,667	4,667
Summe Betriebskosten	*7,01,750*	*88,188*	*58,004*	*55,120*
Betriebsergebnis vor Steuern	*4,03,487*	*−88,188*	*−4,068*	*52,752*

Auftragseingangs. Bei einer Lieferzeit von vier bis sechs Wochen kann der Auftragseingang in einem Monat erst im darauf folgenden Monat zu Umsatz werden. Diese Verteilung geschieht über Prozente. In Tab. 3.2 ist dies zu sehen: Insgesamt werden 2,45 Mio. € Umsatz geplant. Die prozentuale Aufteilung auf die Monate ergibt den monatlichen Plan-Umsatz. Wegen der Verzögerungen wird im Unternehmen der Auftrag erst später zu Umsatz. Beispielsweise werden für den ersten Monat 245.000 € Umsatz geplant. Erst im Folgemonat (Monat 2) werden 40 % dieses Planumsatzes realisiert (98.000,- €). Im Folgemonat (Monat 3) sind dies ebenfalls 40 % und dann nocheinmal 20 %. Mit diesem Schema ergeben sich aus den geplanten Auftragseingängen nach Tab. 3.2 der Umsatzplan. Es ist auffällig, dass im ersten Monat wegen der Zeitverschiebung zwischen Auftragseingang und Umsatzgenerierung gar kein Umsatz anfallen wird. Es werden allenfalls die Umsätze gebucht werden können, die vom vorigen Monat noch fällig sind. Dies ist aber in diesem Beispiel nicht der Fall.

- *Planung des Umsatzes*
  Ausgehend von dieser groben Umsatzplanung erfolgt die Aufteilung in die einzelnen Sparten und Produkte und in die einzelnen Abrechnungsperioden (Monate). Die monatsweisen prozentualen Zurechnungen entstammen aus den Erfahrungswerten der vergangenen Jahre.
- *Planung der Kosten des Umsatzes*
  Bei der Kostenplanung unterscheidet man zweckmäßigerweise in zwei Bereiche:
  - Direkte Kosten des Umsatzes
    Dies sind die Kosten, die vom Umsatz direkt verursacht werden. Dazu gehören beispielsweise der Wareneinsatz, die Fremdleistungen und die Provisionen.
  - Betriebskosten
    Dazu gehören die fixen Kosten für Personal und die weiteren Kosten. Die einzelnen Kosten ergeben sich aus dem Personalplan, der Planung für Investitionen und Abschreibungen (Tab. 3.3).

Tab. 3.3 Personal- und Investitionsplan (eigene Darstellung)

Plan Nr. 1				Datum:	1.1. Jahr 1
Personalkostenplanung					
Gehalt/Lohn (€)	Jahresbetrag		Monat 1	Monat 2	Monat 3
Geschäftsleitung	1,15,000		9,583	9,583	9,583
Vertrieb	85,000		7,083	7,083	7,083
Vertrieb (ab Monat 7)	80,000		–	–	–
Kundendienst (KD)	75,000		6,250	6,250	6,250
KD ab Monat 4	70,000		–	–	–
Verwaltung (halbtags)	35,000		2,917	2,917	2,917
Summe Personalkosten	*4,60,000*		*25,833*	*25,833*	*25,833*
Personalnebenkosten	%	Nebenkosten			
Geschäftsleitung	15 %	17,250	1,438	1,438	1,438
Vertrieb	20 %	17,000	1,417	1,417	1,417
Vertrieb (ab Monat 7)	20 %	16,000	–	–	–
Kundendienst (KD)	20 %	15,000	1,250	1,250	1,250
KD ab Monat 4	20 %	14,000	–	–	–
Verwaltung (halbtags)	20 %	7,000	583	583	583
Summe Personalnebenkosten		*86,250*	*4,688*	*4,688*	*4,688*
Summe Gesamtpersonalkosten		*5,46,250*	*30,521*	*30,521*	*30,521*
Investitionskosten		*in Monat*			
Büroausstattung	15,000	1	15,000	–	–
2. Rechner	31,000	4	–	–	–
Software up-date	2,000	1	2,000	–	–
Drucker	24,000	6	–	–	–
Kraftfahrzeuge	20,000	1	20,000	–	–
Telefonanlage	1,000	1	1,000	–	–
Rechner	4,000	4			
Rechner-Software	2,500	4			
Summe Investitionskosten	*99,500*		*38,000*	*–*	*–*
Abschreibungen	Afa-Dauer in a	Afa-Betrag/a			
Büroausstattung	10	1,500	125	125	125
2. Rechner	4	7,750	–	–	–
Software up-date	3	667	56	56	56
Drucker	3	8,000	–	–	–
Kraftfahrzeuge	4	5,000	417	417	417
Telefonanlage	10	100	8	8	8
Rechner	4	1,000	–	–	–
Rechner-Software	4	625			
Summe Abschreibungen		*24,642*	*606*	*606*	*606*

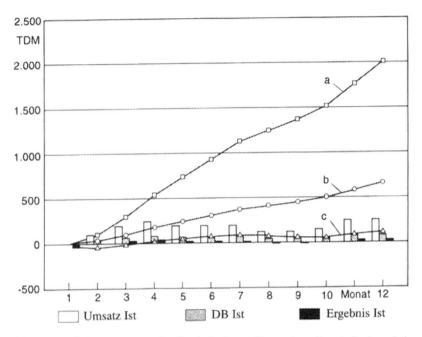

Abb. 3.4 Grafische Auswertung des Geschäftsplans **a** Umsatz kumuliert, **b** Deckungsbeitrag kumuliert, **c** Ergebnis kumuliert (eigene Darstellung)

Die einzelnen Kostenbestandteile und deren Berechnung ist im Springer Essential: „Kostenrechnung für Ingenieure" ausführlich dargestellt.

Am Ende der Berechnungen in Tab. 3.2 stehen die monatlichen Betriebsergebnisse vor Steuern. Diese sind wichtig, weil für die verlustreichen ersten beiden Monate die erforderliche Liquidität bereitgestellt werden muss. Diese Daten sind auch wichtige Informationen für die Banken. Insgesamt wird ein Betriebsergebnis vor Steuern von 104.172 € erwartet, wobei in den ersten beiden Monaten Verluste entstehen.

Abbildung 3.4 zeigt den Geschäftsplan nach Tab. 3.2 grafisch aufbereitet. Als Linien sind die Plandaten für die Umsätze, Deckungsbeiträge und Ergebnisse zu sehen. Die Balkendiagramme zeigen die Planungen des Umsatzes, des Deckungsbeitrages und des Ergebnisses pro Monat.

Tabelle 3.3 zeigt ein Beispiel für die Planung der Personalkosten und der Kosten für die Investitionen (s. ausführliche quantitative und qualitative Personalplanung in Abschn. 3.8 sowie die Springer Essential: „Personalmanagement für Ingenieure" und „Investitions- und Wirtschaftlichkeitsrechnung für Ingenieure").

3.6 Finanzplan

In einer Finanzübersicht werden alle ein- und ausgabewirksamen Größen des Geschäftsplanes erfasst. Hinzu kommen noch die weiteren Ein- und Auszahlungen. Zu den weiteren Einzahlungen (*Cash in*) gehören beispielsweise der Mittelzufluss aus der Kreditaufnahme, Kapitaleinlagen der Gesellschafter oder Steuererstattungen. Bei den Ausgaben (*Cash out*) werden die *Abschreibungen nicht berücksichtigt*, weil kein Mittelabfluss stattfindet. Dagegen werden die geplanten Investitionen voll ausgabenwirksam. Ergänzend kommen weitere Ausgaben hinzu, beispielsweise zur Tilgung von Krediten. Die Steuerzahlungen werden nach den vom Finanzamt vorgegebenen Zahlungsterminen eingetragen.

Da die Forderungen (Umsatz) bei einem gegebenen Zahlungsziel (z. B. 14 Tage) nicht sofort als Geldeingang verbucht werden kann, andererseits der Wareneingang wegen der Zahlungsbedingungen nicht sofort zu einem Geldausgang führt, wird diese Verschiebung des Geldein- und -ausganges in einem eigenen Plan für *Debitoren* (Zahlungseingänge von Schuldnern) und *Kreditoren* (Zahlungsausgänge an Gläubiger) zusammengestellt. Aus den geplanten Salden des Geldzu- und -abflusses ergibt sich ein Netto-Geldbetrag, der im Unternehmen vorhanden ist oder fehlt. Das ergibt die Bankbestände zu Monatsbeginn bzw. zu Monatsende. Zusammen mit den Krediten der Banken errechnen sich die verfügbaren liquiden Mittel. Werden diese unterschritten, dann ist das Unternehmen zahlungsunfähig. Die Finanzplanung ist ausführlich im Springer Essential: „Finanzierung für Ingenieure" dargestellt.

3.7 Gesamtplanung

Ausgehend von der Einzelplanung in den einzelnen selbständigen Geschäftsstellen wird nach denselben Methoden eine *Gesamtplanung* für das Unternehmen vorgenommen. In Tab. 3.4 ist ein Umsatzplan des gesamten Unternehmens zu sehen. Das gesamte Geschäftsjahr ist in 12 Monate unterteilt. Mit einzelnen Prozentwerten können, wie bereits in Tab. 3.2 für die Geschäftsstelle gezeigt, die monatlichen Umsätze je Sparte ermittelt werden. Diese Prozentwerte werden nach den Erfahrungen der letzten Jahre angenommen. Beispielsweise ist der Umsatz in den Messemonaten und in den Sommermonaten geringer als in den anderen. Dies wird bei der Planung berücksichtigt.

Bei der Erstellung des Umsatzplanes geht man in folgenden Schritten vor:

1. *Festlegen der Umsätze der einzelnen Sparten und deren Produkte*
   Eingegeben werden die gesamten geplanten Umsätze für die einzelnen Sparten und deren Produkte. Insgesamt sind dies 13,32 Mio. €.

Tab. 3.4 Umsatzplan des Gesamtunternehmens

Umsatzplan Gesamt	Hard- und Soft GmbH												Datum: 1. Januar des Planjahres	
Umsatzplan	Umsatz netto	Monat 1	Monat 2	Monat 3	Monat 4	Monat 5	Monat 6	Monat 7	Monat 8	Monat 9	Monat 10	Monat 11	Monat 12
Aufteilung Umsatz	100.00%	5.00%	6.00%	5.00%	10.00%	10.50%	11.00%	8.00%	5.00%	6.00%	10.00%	11.50%	12.00%
Hardware													
Rechner	18,00,000	90,000	1,08,000	90,000	1,80,000	1,89,000	1,98,000	1,44,000	90,000	1,08,000	1,80,000	2,07,000	2,16,000
Plotter	8,40,000	42,000	50,400	42,000	84,000	88,200	92,400	67,200	42,000	50,400	84,000	96,600	1,00,800
Peripherie	4,60,000	23,000	27,600	23,000	46,000	48,300	50,600	36,800	23,000	27,600	46,000	52,900	55,200
Handelsware	2,90,000	14,500	17,400	14,500	29,000	30,450	31,900	23,200	14,500	17,400	29,000	33,350	34,800
Summe Hardware	33,90,000	1,69,500	2,03,400	1,69,500	3,39,000	3,55,950	3,72,900	2,71,200	1,69,500	2,03,400	3,39,000	3,89,850	4,06,800
Aufteilung Umsatz	100.00%	5.00%	6.00%	5.00%	10.00%	10.50%	11.00%	8.00%	5.00%	6.00%	10.00%	11.50%	12.00%
Software													
CAD 2D	30,00,000	1,50,000	1,80,000	1,50,000	3,00,000	3,15,000	3,30,000	2,40,000	1,50,000	1,80,000	3,00,000	3,45,000	3,60,000
CAD 3D	13,00,000	65,000	78,000	65,000	1,30,000	1,36,500	1,43,000	1,04,000	65,000	78,000	1,30,000	1,49,500	1,56,000
NC-Kopplung	11,00,000	55,000	66,000	55,000	1,10,000	1,15,500	1,21,000	88,000	55,000	66,000	1,10,000	1,26,500	1,32,000
Netzwerk	3,60,000	18,000	21,600	18,000	36,000	37,800	39,600	28,800	18,000	21,600	36,000	41,400	43,200
Normteil-Bibliothek	3,00,000	15,000	18,000	15,000	30,000	31,500	33,000	24,000	15,000	18,000	30,000	34,500	36,000
Zeichnungs-verwaltung	4,50,000	22,500	27,000	22,500	45,000	47,250	49,500	36,000	22,500	27,000	45,000	51,750	54,000
Sonstiges	4,20,000	21,000	25,200	21,000	42,000	44,100	46,200	33,600	21,000	25,200	42,000	48,300	50,400
Summe Software	69,30,000	3,46,500	4,15,800	3,46,500	6,93,000	7,27,650	7,62,300	5,54,400	3,46,500	4,15,800	6,93,000	7,96,950	8,31,600

Tab. 3.4 (Fortsetzung)

Umsatzplan Gesamt	Hard- und Soft GmbH												Datum: 1. Januar des Planjahres	
Umsatzplan	Umsatz netto	Monat 1	Monat 2	Monat 3	Monat 4	Monat 5	Monat 6	Monat 7	Monat 8	Monat 9	Monat 10	Monat 11	Monat 12
Aufteilung Umsatz Dienstleistung	100.00%	9.00%	9.00%	5.00%	8.00%	10.00%	11.00%	8.00%	3.00%	5.00%	10.50%	11.50%	10.00%
Konfigurationen	1,20,000	10,800	10,800	6,000	9,600	12,000	13,200	9,600	3,600	6,000	12,600	13,800	12,000
Installationen	10,00,000	90,000	90,000	50,000	80,000	1,00,000	1,10,000	80,000	30,000	50,000	1,05,000	1,15,000	1,00,000
Schulung Betriebssystem	3,50,000	31,500	31,500	17,500	28,000	35,000	38,500	28,000	10,500	17,500	36,750	40,250	35,000
CAD-Schulung	5,50,000	49,500	49,500	27,500	44,000	55,000	60,500	44,000	16,500	27,500	57,750	63,250	55,000
Produktivitätsberatung	2,80,000	25,200	25,200	14,000	22,400	28,000	30,800	22,400	8,400	14,000	29,400	32,200	28,000
Wartung	7,00,000	63,000	63,000	35,000	56,000	70,000	77,000	56,000	21,000	35,000	73,500	80,500	70,000
Summe Dienstleistungen	30,00,000	2,70,000	2,70,000	1,50,000	2,40,000	3,00,000	3,30,000	2,40,000	90,000	1,50,000	3,15,000	3,45,000	3,00,000
Summe Umsatz Gesamt	1,33,20,000	7,86,000	8,89,200	6,66,000	12,72,000	13,83,600	14,65,200	10,65,600	6,06,000	7,69,200	13,47,000	15,31,800	15,38,400

2. *Prozentuale Aufteilung der Spartenumsätze auf die Monate*
   Für jede Sparte kann der monatliche Umsatz in Prozenten geplant werden. Damit ist es möglich, die Umsatzerfahrungen der letzten Jahre mit in die Planung einzubeziehen. Im vorliegenden Fall sind die Monate Januar (Monat 1) und der Monat 3 (März) besonders umsatzschwach. Im Monat Januar sind noch die Weihnachtsferien des Vorjahres zu spüren und der Monat März ist Messemonat, an dem wenig verkauft wird, weil die meisten Kunden auf die Messeneuheiten warten.

3. *Aufteilung der Produktumsätze innerhalb der Sparten*
   Entsprechend der eingegebenen Prozentsätze für die Sparten werden die Umsätze der einzelnen Produkte berechnet.

Um festzustellen, ob der Umsatzplan eingehalten wird, wird zumindest eine quartalsweise Auswertung zu empfehlen (Tab. 3.5). Dabei ist es sinnvoll, auf der linken Seite die Quartalszahlen aufzulisten und deren Abweichungen zu ermitteln. Auf der rechten Seite sind die aufs Jahr kumulierten Werte einzutragen. Damit wird ersichtlich, wie groß die Anstrengungen zum Erreichen der Umsatzziele noch sind. Dies ist ein einfaches, aber sehr wirksames Controlling-Instrument (s. Springer Essential: „Controlling für Ingenieure"). Im vorliegenden Beispiel ist ersichtlich, dass zur Planerfüllung im 3. Quartal noch 72.800 € Umsatz fehlen. Soll das Umsatzziel vollständig erreicht werden, so fehlen bis zum Ende des 3. Quartales bereits 168.600 € Umsatz, der noch zusätzlich erreicht werden sollte.

3.8 Personalplan

Zu den wichtigsten Erfolgsfaktoren eines Unternehmens gehören die Mitarbeiter. Deshalb ist die Personalentwicklung im Unternehmen von höchster Wichtigkeit (s. Springer Essential: „Personalmanagement für Ingenieure"). Die einzelnen Aspekte sind in Abb. 3.5 zu sehen. Ausgehend von den Marktbedürfnissen werden Strategische Geschäftseinheiten (Abschn. 2.3) gebildet. Diese erfordern eine Anzahl (Quantität) entsprechend qualifizierte Mitarbeiter mit ganz bestimmten Anforderungsprofilen (Qualitäten). Die Personalführung ist zuständig für die *Motivation* der Mitarbeiter und für ihre *Fort- und Weiterbildung*.
   Dabei müssen folgende drei Aspekte beachtet werden:

1. *Fachlicher Aspekt*
   Wer Produkte und Dienstleistungen verkaufen will, muß diese gut kennen.

2. *Persönlicher und sozialer Aspekt*
   Im Laufe des Berufslebens ändern sich die Tätigkeitsschwerpunkte der Mitarbeiter. Waren früher vor allem manuelle Fertigkeiten gefragt, so sind derzeit

Tab. 3.5 Quartals- und jahresbezogene Abweichungsanalyse (eigene Darstellung)

| Quartal | | | | Quartal | Jahr | | | |
Ist	Plan	Abweichung absolut	Abweichung Relativ (%)	3	Ist	Plan	Abweichung absolut	Abweichung Relativ (%)
3,25,000	3,42,000	−17.000	−4,97	Rechner	11,63,000	11,97,000	−34.000	−2,84%
1,43,000	1,59,600	−16.600	−10,40	Plotter	5,38,400	5,58,600	−20.200	−3,62%
84.000	87.400	−3.400	−3,89	Peripherie	2,99,600	3,05,900	−6.300	−2,06%
51.000	55.100	−4.100	−7,44	Handelsware	1,88,400	1,92,850	−4.450	−2,31%
6,03,000	*6,44,100*	*−41.100*	*−6,38*	*Summe Hardware*	*21,89,400*	*22,54,350*	*−64.950*	*−2,88%*
5,45,000	5,70,000	−25.000	−4,39	CAD 2D	19,55,000	19,95,000	−40.000	−2,01%
2,60,000	2,47,000	13.000	5,26	CAD 3D	8,68,000	8,64,500	3.500	0,40%
1,80,000	2,09,000	−29.000	−13,88	NC-Kopplung	6,76,000	7,31,500	−55.500	−7,59%
82.000	68.400	13.600	19,88	Netzwerk	2,57,600	2,39,400	18.200	7,60%
62.000	57.000	5.000	8,77	Normteil-Bibliothek	2,14,000	1,99,500	14.500	7,27%
88.000	85.500	2.500	2,92	Zeichnungsverwaltung	3,00,000	2,99,250	750	0,25%
77.000	79.800	−2.800	−3,51	Sonstiges	2,72,200	2,79,300	−7.100	−2,54%
12,94,000	*13,16,700*	*−22.700*	*−1,72*	*Summe Software*	*45,42,800*	*46,08,450*	*−65.650*	*−1,42%*
20.000	19.200	800	4,17	Konfigurationen	81.200	81.600	−400	−0,49%
1,64,000	1,60,000	4.000	2,50	Installationen	6,79,006	6,80,000	−1.000	−0,15%
54.000	56.000	−2.000	−3,57	Schulung Betriebssystem	2,39,500	2,38,000	1.500	0,63%
87.000	88.000	−1.000	−1,14	CAD-Schulung	3,70,500	3,74,000	−3.500	−0,94%
34.000	44.800	−10.800	−24,11	Produktivitätsberatung	1,55,800	1,90,400	−34.600	−18,17%
1,12,000	1,12,000	0	0,00	Wartung	4,76,000	4,76,000	0	0,00%
4,71,000	*4,80,000*	*−9.000*	*−1,88*	*Summe Dienstleistungen*	*20,02,000*	*20,40,000*	*−38.000*	*−1,86%*
23,68,000	*24,40,800*	*−72.800*	*−2,98*	*Summe Umsatz Gesamt*	*87,34,200*	*89,02,800*	*−1,68,600*	*−1,89%*

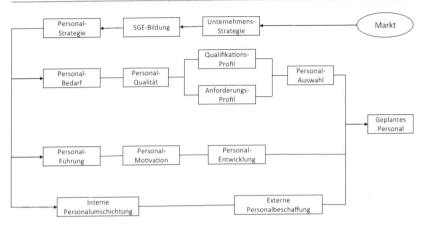

Abb. 3.5 Konzeption der Personalentwicklung (eigene Darstellung)

geistige, planerische und konzeptionelle Fähigkeiten wichtig. Zunehmend von Bedeutung sind auch sprachliches Ausdrucksvermögen und die Beherrschung von Fremdsprachen. Der Verkäufer von heute muss Beziehungen aufbauen und Vertrauen gewinnen können. Immer wichtiger wird es, in Gruppen zu arbeiten. Dazu müssen die Mitarbeiter durch entsprechende Schulungen *teamfähig* gemacht werden. Ferner *muss ein* toleranter und die Person achtender Umgangston gepflegt werden.

3. *Betrieblicher Aspekt*
   Die Weiterbildungsaufwendungen müssen sich auch für das Unternehmen lohnen, beispielsweise durch größere Schnelligkeit, bessere Qualität, höhere Produktivität und Wirtschaftlichkeit.

Von großer Wichtigkeit für das Engagement und die Motivation aller Mitarbeiter ist die Wahl eines geeigneten *Entlohnungssystems*. Solche Lohn- und Gehaltssysteme haben einen fixen Anteil (z. B. Grundlohn bzw. Grundgehalt) und einen variablen Anteil (z. B. Prämienlohn oder Erfolgsbeteiligung). Die möglichst gerechte Ausgestaltung der fixen und variablen Anteile ist von Unternehmen zu Unternehmen, manchmal von Abteilung zu Abteilung (z. B. in der Forschung oder im Vertrieb) verschieden, stellt aber eine große Herausforderung an die Geschäftsleitung und an die Arbeitnehmervertreter dar (s. Springer Essential: „Personalmanagement für Ingenieure").

Für die anstehenden Aufgaben des Unternehmens müssen Mitarbeiter zur Verfügung stehen, die folgenden Forderungen genügen:

- richtige *Auswahl* (passend zur Firmenphilosophie und passend zu den Mitarbeitern der Firma),

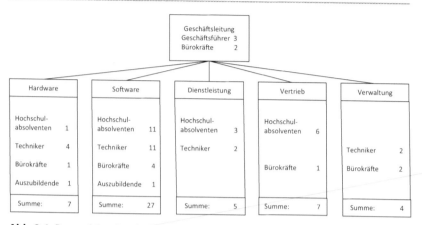

Abb. 3.6 Personalsituation des Unternehmens (*eigene Darstellung*)

- richtiges *Einsatzgebiet*,
- richtige *Entlohnung*,
- geeignete *Fort- und Weiterbildung*,
- hohe *Arbeitsmotivation*.

Abbildung 3.6 zeigt, welche Mitarbeiter an welchen Stellen in der Organisation und in den Sparten beschäftigt sind und welche Personalkosten deshalb entstehen. In Tab. 3.6 ist der Gehaltsspiegel der Mitarbeiter zusammengestellt.

Wird das Unternehmen in neuen Schwerpunkten tätig, oder muß es sich anderen Markterfordernissen anpassen, dann sind Verschiebungen der Tätigkeiten des Personals die Folge. Um dies planmäßig gestalten zu können, wird ein *Personalentwicklungsplan* aufgestellt, der mit dem Betriebsrat abgestimmt sein muss. Als Beispiel wird angenommen, dass das Unternehmen Hard- und Soft GmbH in zunehmendem Maße als *Generalunternehmer* auftritt. Das bedeutet, dass das Unternehmen seinen Kunden alles aus einer Hand anbieten wird: von der Problemanalyse bis zur fertigen Installation. Diese Beratungsleistung und die gesamte Kundenbetreuung wird in einer neuen Abteilung „Consulting" wahrgenommen. Tabelle 3.7 zeigt, wie durch

- Versetzung (V),
- Neueinstellung (N),
- Kündigung (K) und
- Pensionierung (P).

dieses Ziel erreicht wird.

Tab. 3.6 Monatliche Personalkosten für die Personalplanung (*eigene Darstellung*)

Beschäftigung in den Sparten	Hochschulabsolventen Anzahl	Kosten €	Techniker Anzahl	Kosten €	Bürokräfte Anzahl	Kosten €	Auszubildende Anzahl	Kosten €	Summe Anzahl	Kosten €
Hardware	1	4.500	4	3.000	1	2.800	1	4.500	7	
Summe Kosten Hardware		4.500		12.000		2.800		4.500		23.800
Software	11	4.500	11	3.000	4	2.800	1	3.000	27	
Summe Kosten Software		49.500		33.000		11.200		3.000		96.700
Dienstleistung	3	4.500	2	3.000					5	
Summe Kosten Dienstleistung		13.500		6.000						19.500
Vertrieb	6	6.000			1	3.000				
Summe Kosten Vertrieb		36.000				3.000				39.000
Geschäftsleitung	3	8.000			2	3.500				
Summe Kosten Geschäftsleitung		24.000				7.000				31.000
Verwaltung			2	3.000	2	4.000				
Summe Kosten Verwaltung				6.000		8.000				7.000
Summe Personal										14.000
Summe Brutto	19	1,55.000	19	69.000	10	48.100	2	15.000	39	2,87.170
Sozialversicherung (20%)		31.000		13.800		9.620		3.000		57.420
Kirchensteuer (10%)		15.500		6.900		4.810		1.500		28.710
Summe Nebenkosten		46.500		20.700		14.430		4.500		86.130
Summe Personalkosten		2,01.500		89.700		62.530		19.500		3,73.230

Tab. 3.7 Personalentwicklungsplan

SGE	Mitarbeiter	V	V	V	V	V	V	V	V	V	V	V	V	V	V	V	V	N	K	P	zukünftig	Anzahl
Geschäftsleitung	GFÜ	x																		x	x	1
	Betriebswirt	x																			x	1
	Techniker	x																		x			
Vertrieb	MA1 FÜ	x															x						
	MA2	x																			x		
	MA3-4	x														x							
	MA5-6	x																		x			
	Büro1	x													x								
Hardware	Einkauf Fü	x												x									
	Tec1	x											x										
	Tec2	x										x											
	Tec3	x									x												
	Azubi	x								x													
	Büro	x							x														
Software	Inf. F	x																			x	1
2D	Inf1	x						x															
	Inf1-2	x					x														x	2
	Inf3	x				x																	
	Math1	x			x																		

Tab. 3.7 (Fortsetzung)

SGE	Mitarbeiter	V	V	V	V	V	V	V	V	V	V	V	V	V	V	N	K	P	zukünftig	Anzahl
3D	Ing1	x																	x	1
	Ing2															x			x	1
	Inf1-2	x																	x	2
	Inf3								x										x	1
	Math1	x							x										x	1
	Büro1	x																	x	1
	Büro2	x								x									x	1
NC-Kopplung	NC1	x									x								x	1
	NC2	x									x	x							x	1
Netzwerk	Net1	x										x							x	1
	Azubi	x														x			x	1
Peripherie	Per1-11	x																	x	11
Verwaltung	Rewe1 Fü	x																	x	1
	Rewe2-3	x																	x	2
	Pers1	x																	x	1
	Büro1									x									x	1
	Büro2						x												x	1
Service	SW1 Fü	x																	x	1
	SW2	x																	x	1
	HW1		x																x	1
	HW2															x			x	1
	Azubi					x													x	1

Tab. 3.7 (Fortsetzung)

SGE	Mitarbeiter	V	V	V	V	V	V	V	V	V	V	V	V	V	V	V	V	V	V	V	N	K	P	zukünftig	Anzahl
Schulung	3CAD1 Fü	x																							x	1
	3CAD2																				x				x	1
	CIM1																				x				x	1
	Univ1									x															x	1
Consulting	Con1 Fü		x																						x	1
	Con2-4			x																					x	2
	Con5-6																				x				x	2
	Con7											x													x	1
	Con8													x											x	1
	Büro1				x																				x	1
Handelsware	Einkauf Fü					x																			x	1
	Hawa1																			x					x	1
	Hawa2	x																							x	56
		53																				6	2	1		

V. Versetzung

N. Neueinstellung

K. Kündigung

P. Pensionierung

Was Sie aus diesem Essential mitnehmen können

- Erarbeiten von Unternehmensgrundsätzen
- Festlegen von Strategischen Geschäftseinheiten
- Vorgehen bei der strategischen Planung
- Erstellen von Prognosen
- Entwickeln von Unternehmensgrundsätzen
- Vorgehen bei der operativen Planung
- Systematik der Gesamtplanung
- Erstellen von Teilplänen für den Umsatz, für die Finanzen und für das Personal.

© Springer Fachmedien Wiesbaden 2015
E. Hering, *Unternehmensplanung für Ingenieure*, essentials,
DOI 10.1007/978-3-658-08436-3

Literatur

Ehrmann, H.: Unternehmensplanung, 6. Auflage. NWB-Verlag, Herne, (2013)

Hering, E.: Deckungsbeitragsrechnung für Ingenieure. Springer Essential, Springer Vieweg, Wiesbaden (2014a)

Hering, E.: Finanzierung für Ingenieure. Springer Essential, Springer Vieweg, Wiesbaden (2014b)

Hering, E.: Gewinn- und Verlustrechnung (GuV) und Bilanz für Ingenieure. Springer Essential, Springer Vieweg, Wiesbaden (2014c)

Hering, E.: Investitions- und Wirtschaftlichkeitsrechnung für Ingenieure. Springer Essential, Springer Vieweg, Wiesbaden (2014d)

Hering, E.: Kalkulation für Ingenieure. Springer Essential, Springer Vieweg, Wiesbaden (2014e)

Hering, E.: Kostenrechnung für Ingenieure. Springer Essential, Springer Vieweg, Wiesbaden (2014f)

Hering, E.: Marketingkonzeptionen für Ingenieure. Springer Essential, Springer Vieweg, Wiesbaden (2014g)

Hering, E.: Personalmanagement für Ingenieure. Springer Essential, Springer Vieweg, Wiesbaden (2014h)

Hering, E.: Projektmanagement für Ingenieure. Springer Essential, Springer Vieweg, Wiesbaden (2014i)

Hering, E.: Wettbewerbsanalyse für Ingenieure. Springer Essential, Springer Vieweg, Wiesbaden (2014j)

Hering, E.: Umweltschutz und Umweltmanagement für Ingenieure. Springer Essential, Springer Vieweg, Wiesbaden (2014k)

Hering, E., Draeger, W.: Handbuch der Betriebswirtschaft für Ingenieure, 3. Auflage. Springer-Verlag, Heidelberg (2000)

Kreikebaum, H.: Strategische Unternehmensplanung, 6. Auflage. Kohlhammer Verlag, Stuttgart, (1997)

Rieg, R.: Planung und Budgetierung. Gabler Verlag, Wiesbaden (2007)

Rieg, R.: Planung und Budgetierung, 3. Auflage. C. H. Beck Verlag, München, (2009)

© Springer Fachmedien Wiesbaden 2015   51
E. Hering, *Unternehmensplanung für Ingenieure*, essentials,
DOI 10.1007/978-3-658-08436-3